U0169037

看不见的自然

佐佐木叶二的景观设计

［日本］佐佐木叶二　著

王扬　译

江苏凤凰科学技术出版社·南京

江苏省版权局著作权合同登记　图字：10-2022-378号

图书在版编目（CIP）数据

看不见的自然 ：佐佐木叶二的景观设计 ／（日）佐
佐木叶二著 ；王扬译. -- 南京 ：江苏凤凰科学技术出
版社，2023.1
　ISBN 978-7-5713-3302-7

　Ⅰ．①看… Ⅱ．①佐… ②王… Ⅲ．①景观设计-作
品集-日本-现代 Ⅳ．①TU986.2

中国版本图书馆CIP数据核字(2022)第210905号

看不见的自然　佐佐木叶二的景观设计

著　　　者	[日本] 佐佐木叶二
译　　　者	王　扬
特 约 策 划	和　风
项 目 策 划	凤凰空间/陈　景
责 任 编 辑	赵　研　刘屹立
特 约 编 辑	陈　景

出 版 发 行	江苏凤凰科学技术出版社
出版社地址	南京市湖南路1号A楼，邮编：210009
出版社网址	http://www.pspress.cn
总 经 销	天津凤凰空间文化传媒有限公司
总经销网址	http://www.ifengspace.cn
印　　　刷	天津图文方嘉印刷有限公司

开　　　本	787 mm×1 092 mm　1／16
印　　　张	10
字　　　数	160 000
版　　　次	2023年1月第1版
印　　　次	2023年1月第1次印刷

标 准 书 号	ISBN 978-7-5713-3302-7
定　　　价	148.00元（精）

致中国读者的话

本书是在日本出版的《看不见的自然 佐佐木叶二的景观设计》(*Revealing Nature: The Landscapes of Yoji Sasaki*)的中文版。

这本书能在中国出版,首先要感谢不辞辛苦翻译全书的王扬先生。另外,本书的中文版与日文版在文字内容上虽然没有太多变化,但是在王扬先生以及中文版出版团队的建议下,加入了一些设计初期的草图和施工详图,这使得中文版更加完整地表达了我的设计思想与设计意图,在此表示感谢。

所谓设计"风景(Landscape)",是指通过空间这种媒介来具体演绎人与自然环境和生活环境的关联方式的一种行为。而关于景观建筑师的职能,无论在哪个国家都有着相似的历史——即最初的设计对象多为私人庭院,在近现代时期渐渐过渡到公园、广场以及其他开放空间等具有公共属性的对象。但在作为设计原点的庭院设计中则反映了各个国家的生活方式以及不同时期的风格,所以设计作品不仅体现了作者自身的艺术观念,在作品表现中也受到了来自社会结构、自然环境以及表现素材等诸多因素的影响。

自19世纪中叶起,现代景观设计开始兴起,在继承了古典庭院设计传统的同时,为了满足快速发展的城市环境的需求,渐渐地发展成一门综合性的学科。也就是说,景观设计不仅与自然环境相关联,也与建筑学、土木工程、生态学、城市规划等与环境相关的诸多学科,以及环境心理学、城市社会学等社会科学有着不同程度的关联性。

中国园林经历了几千年的发展,在进入20世纪90年代以后,中国的现代景观设计行业开始发展。最初的设计多受到欧美国家的影响,但可喜的是,如今的中国景观设计已经完全摆脱了欧美景观设计形式的束缚,业界的发展也愈发聚焦到对作品的品质提升以及对中国文化的表达上来。但是,如何在现代景观设计领域中,将中国历史悠久的造园技术发扬光大?这对中国的当代景观设计来说是一项重要的课题。

曾经日本的景观设计也面临着同样的课题。关于其解决的方法,我认为作为设计者,在思考本人与环境的关系的同时,应当磨炼自身的感受和创造力。在此基础上,为人们提供一个对风土文脉再认识的契机,是促成问题解决的关键。

本书的出版,如果能为蓬勃发展的中国景观设计界的同仁带来一些思考与启示,我将倍感荣幸。

最后,在本书出版之际,向给予我鼎力支持的译者王扬先生以及中文版出版团队致以诚挚的谢意!

佐佐木叶二

2022年6月于白雨馆

静寂与活力

佐佐木叶二在40年的设计生涯中，凭借对设计严谨的分析、对相关法律法规的解读、对材料恰当的把握以及精美的设计细节获得了极高的声誉。同时，他的景观设计作品遍布世界各国。这些作品，展现了他对各场地所包含的社会及环境条件的深刻思量，并以一种更加完整且集约的形式呈现，也彰显了他作为景观建筑师走向成熟的轨迹。20世纪80年代末，结束在美国两年的学习与考察后，佐佐木回到日本建立了凤咨询环境设计研究所，并担任所长。在这期间，研究所的业务取得了长足进步，完成了一系列更高难度的项目。与20世纪80年代留美的其他日本景观建筑师一样，佐佐木初期的作品也受到了美国景观建筑学领域权威——彼得·沃克的影响。例如，佐佐木初期的一些作品中，变化多样的形态、图案样式的活用以及丰富的材料组合可看作这一时期作品的特征。值得庆幸的是，在精心打磨多个项目后，更加优美的日式感性设计思想，以及作为一个景观建筑师的个人审美意识逐渐取代了彼得·沃克的影响。佐佐木最新的景观设计真真正正地走向了成熟。这些作品涵盖了环境、政治、社会以及审美等设计要素，使其升华为具有魅力且让人难忘的艺术作品。这些景观设计作品的规模多种多样，无论是大型的产业园抑或小型

的墓碑，无不体现了他的设计能力。

日本明明是一个造园传统深厚的国家，但景观设计的专家却都较为年轻，这在西方国家一直被视为一件很具讽刺意味的事，我以前也有同感。在美学方面，现代日本的景观建筑师群体都面临着同样的基本问题，即如何将传统的日本庭院的多样概念、要素、品质等特征，从空间和形态的角度诠释为一种现代存在，以及如何将其在空间以及形态的层面作为一种新灵感植入现代景观设计中。能否基于本国传统文化的底蕴来对其进行革新或活用，抑或是需要跨越国境来寻找新的灵感？

20世纪30年代，堀口舍己[1]并没有尝试在庭院领域寻找该问题的答案，倒是在18世纪的琳派[2]画家尾形光琳、俵屋宗达等的作品中，能看到尝试从庭院形态的角度摸索解决现代日本庭院问题的努力。但这些概念仅仅适用于私人庭院等小规模空间，并不适用于城市广场或公共景观等现代景观空间。

关于这一点，其他国家的景观建筑师及景观建筑学为日本提供了灵感。二战后，部分日本景观专业的学生在美国的大学研究深造，受盖瑞特·埃克博及劳伦斯·哈普林等景观建筑大师的影响尤为显著。人们常说，纵观日本文化形成的历史，可以将其总结概括为"引进、

1 堀口舍己（1895—1984），日本建筑师、日式庭院学者。著有《庭院与空间构成的传统》等。
2 日本桃山时代到近代活跃的绘画与工艺美术流派。

适应、纯熟"三个关键词。最初的阶段是受到国外的影响，接下来便过渡到适应并与本土文化融合的两个阶段。若事态的发展顺利，则会成为"独创发明"的诱因。或许佐佐木叶二的艺术历程也经过了同样的步骤。最初的作品受他人的影响十分明显，但时至今日，则完全看不到其他因素的影响。虽然在美国所获灵感的痕迹仍依稀可见，但如今佐佐木的景观设计可以说是具有独创性的。

如前所述，佐佐木叶二成熟的景观设计展现出理念层面的洞察与感知，以及审美层面静寂与活力共存的特征。佐佐木善用景观要素阵列重复的手法，使作品在复杂之中流露出简约与形式感，虽然可能在初见作品照片时容易感觉有些许僵硬，但从景观规划的效果来看，却产生了一种设计的平衡与静止的感觉。与此相对，作品又在"视觉""感官"以及"物理"层面充满活力。无论是从白昼到黑夜间天地周而复始的变化，还是滴落石块表面的水、吹过树冠顶端的风、随时间变化而生长的植被、轮回的四季以及人类在空间中的活动，都表现出了动态的活力。这些风景虽然在被拍摄成照片时是凝固的，但当你置身其中，则会充分地感受到空间的丰富和活力。

虽说本书只介绍了佐佐木叶二的部分景观设计作品，但依然能向读者传达他思考的深度、对设计行为的诸多考量，以及建成后的作品在美学层面的启示。或许对部分人来说，大型的城市项目更具吸引力，但对我个人而言，小型项目更让人心动。比如，更能体现工匠艺术和自然痕迹的白雨馆中庭和墙壁，以及让人有深刻印象的佐佐木叶二父亲佐佐木节雄的墓碑。如果想用一个词形容这些融合了审美主义与禁欲主义的项目，我觉得"古雅"（Shibui）这个词十分恰当。古雅美，代表了虽然朴素但内涵深邃且独特的日式美学意识的最高形态。所谓"和谐"的状态，只有在不和谐音对其造成冲击时才得以成立。日本也有这样一种说法："轻声细语比大声喧哗更容易被听见。"我心中的原风景是在巨大的橡树树荫之下聆听风吹过树叶时的沙沙声，节制的设计使得风景成熟且深邃。佐佐木的作品，正诠释了"节制即是一种美德"的思想。

马克·特雷布
2020年7月于美国加利福尼亚大学
伯克利分校

佐佐木叶二的景观设计

佐佐木叶二既是一名景观建筑师，同时也是一位优秀的艺术家。他出生于艺术世家，父亲佐佐木节雄是著名的教育家、画家，哥哥佐佐木干朗则是著名的诗人。

纵观当今世界，在景观设计领域，佐佐木可以说是为数不多的具有开拓精神的景观建筑师之一，他的思想超越了简单功能论以及生态学理论范畴，并将景观设计当作一种艺术来对待。美国的景观建筑师玛莎·施瓦茨、肯·史密斯、凯瑟琳·古斯塔夫森，欧洲的阿德里安·高伊策、米歇尔·戴斯威纳等也都是极具开拓精神的设计师。佐佐木的同事三谷徹也是此类景观建筑师之一。他们共同的特点在于努力把作品打造为有明确视觉效果的空间，进而使其作为一件艺术品长久地留存于人们的记忆中。他们都和佐佐木一样，在进行设计实践的同时也在大学任教，因此他们也对现在的学生——这些将来要进入设计行业或成为大学教师的群体都产生了直接的影响。

自佐佐木于1989年在日本大阪成立凤咨询环境设计研究所以来，创作了一系列引人瞩目的作品。他从神户大学毕业后，又在大阪府立大学取得了硕士研究生学位。1987年在继承了20世纪50—60年代由盖瑞特·埃克博所提倡的强调景观艺术性传统的美国加利福尼亚大学伯克利分校学习。之后在新的艺术运动开始萌发的20世纪80—90年代，佐佐木作为哈佛大学客座研究员，在我的指导下继续着研究。这些经验对年轻的佐佐木造成了深远的影响，我想这也是他作为现代景观建筑师迈向实践的契机。

纵观佐佐木的作品，我们能感受到与日本的矶崎新或美国的罗伯特·文丘里、查尔斯·穆尔、罗伯特·斯特恩等后现代建筑师类似的对形式的追求以及富有趣味性的表达方式。这些特点在1994年建成的"基町Credo广场"和2003年建成的"六本木新城"都得以体现。但在这些作品中，佐佐木并没有采用浮夸的美式设计，而采用了与17—18世纪日本传统造园技术紧密结合的极简设计手法。他对细节的专注以及具备完美搭配各种材料的才华，使得其作品的品质远远地超越了查尔斯·穆尔在新奥尔良设计的"意大利广场"这类后现代初期的"舞台装置"作品。我之所以会这样认为，是因为在他的作品中，对石材及木制品的加工，甚至在植物的选配层面，都强有力地展现了日本庭院特有的传统技术和历史记忆。同时，他的作品也大胆地使用了重叠的条纹、圆形以及方形等几何式的造型手法，就像将开创"美国西海岸现代园林风格"的托马斯·丘奇初期的作品与一种更加超现实的生物形态曲线相结合的产物。另外，在他早期的作品之中，可以看到对水、光以及金属构筑物等元素的巧妙运用，而这也是践行艺术化景观设计的设计师群体所擅长的手法。佐佐木这种使用复杂的纹样以及对角线的表现手法极为巧妙，也给观者带来了惊喜。

自1995年开始，佐佐木开始了一系列风格更加优雅、严谨、朴素且简约的设计活动。在这些新的项目中，他运用最简约的几何形态，着眼于材料本身的丰富变化及其映射出的光线与阴影，拓展了设计的可能性。这些以水与植物为表现媒介的空间构成手法，取代了早期通过复杂的多层视觉效果营造空间紧凑感的设计手法。通过1999年的NTT武藏野研究中心广场、2000年的埼玉城市新中心——榉树广场以及2001年的众议院议长公邸等一系列作品，可以感受佐佐木作为富有经验的艺术家所展现出的成熟与自信。这种成熟与自信源自于通过太阳光线和四季变化交织形成的自然现象与含蓄的几何学造型的绝妙组合。

我惊讶于，他能在如此短的时间里就在作品中展现出多样化的尺度与风格。此外，我深知他对学术及翻译有着浓厚的兴趣，在设计工作与教学这样繁忙的日程之下，他无疑牺牲了很多业余时间来翻译关于景观设计和城市设计的著作。通过他的翻译，日本的学生以及该行业的研究者可以更容易地接触到新思想和新理论。正是因为积极传播新思想，并出席国际会议在国外进行讲学，使佐佐木对国际设计界、日本的景观建筑师乃至整个设计师群体而言，至今依是举足轻重的存在。

1999年，佐佐木建造了自宅"白雨馆"。从外观来看这只是一座简洁且规整排列的立方体形建筑，但走入其内部就会发现结构极为复杂，空间也是围绕着如何表现场地中的庭院来组合的。当来访者站在室内外视线较好的地方时，这些变化多样的空间会将人们带入具有微妙自然与光影变化的梦幻般的世界中。建筑与庭院的绝妙组合，演绎出一连串让人无法忘却的视觉盛宴，为生活空间增添了自然带来的乐趣和风景。

佐佐木在发展其设计研究所业务的同时，通过设计实践创造出杰出的作品，扩大了日本现代景观设计的影响力。读者们通过这本最新的作品集，在了解他个人发展历程的同时，还会更加了解佐佐木在业界的影响力以及他对整个景观设计行业的发展所做出的贡献。

彼得·沃克
2003年10月于美国加利福尼亚大学
伯克利分校

看不见的自然

逆风

飞机起飞并非借助顺风，而是凭借逆风。人生也如飞行一样，随时会被无法预测的疾风阻挠。就像突然吹来的一阵逆风一样，2005年9月，我的身体突患疾病。在冲绳调查旅行的途中我突发脑卒中并留下了后遗症，导致左手完全无法活动。尽管生病了，左手失去了自由，我也没有陷入绝望。反而在那之后，当我再次面对设计图纸以及景观设计活动时，发现这不仅仅是一件治愈心灵的事情，也让我沉浸于一个富有诗意和情感的世界。就这样，在一年以后，我又重新回到了设计师以及大学教师的岗位上。

就像飞机那样，借着人生的逆风，我再次飞翔。

风景=Landscape

这本作品集是将收录我2003年之前作品的初版作品集进行整理删减，并加入我复出那年之后作品的修订增补版。在这里我想说明一下为何本书加入了"看不见的自然"这一主书名。以下的叙述是从英语和日文（中文）两种语言来比较说明"风景"这一词汇的含义。

英语中"风景"一词由表述土地与场所的"Land"与表述眺望行为的"Scape"组合而成，即"风景=Landscape"。而反观日文（中文）中"风景"这一词，其由"风=Wind"+"景=Scape"组合而成。我认为，在思考风景的

本质内涵时，日文（中文）中对"风景"一词的解释视角是具有启示意义的。

"风"是一种无法为肉眼所见的自然现象，而与之对照的"景"则是肉眼可见的有形事物。所谓无法用肉眼所见的现象，是指像自然的气息、空气流动、季节变化是无形的、仅可凭借感官来感知的存在。从这个维度来讲，景观设计这一工作的内容，其实是将人与自然变化之间的关系从形态化的角度进行诠释。同时，肉眼可见的事物是指地表存在的物理环境要素，这个维度的景观设计则是指将人与物理层面的物体与行为活动之间的关系进行形态化诠释的工作。

我认为，将日文中"风景"一词所表达的两重含义，也就是将"看得见的事物与看不见的事物"的双重含义，通过形态表达与空间表现进行诠释，才是景观设计的本质与作用。

以人为媒介讴歌自然的艺术

景观建筑学是指营造人与自然相联系的场景，并使建筑与外部空间（Open space）相融合的一门较新的关于风景创造的学问。在处理与大地的关系上，有着与建筑设计完全不同的感性与逻辑。

在20世纪上半叶的美国，加勒特·埃克博确立了开始急速发展的现代景观设计理论。他追求景观设计的现代性，也将当代艺术作为现代的美学范式引入景观设计领域。他曾经说景观设计的本质就是"确立人与大地之间持续的

关联性"。

对埃克博来说，所谓景观设计就是将大地视为人们日常生活的舞台，通过庭院与建筑的相映成趣，进而创造丰富空间体验的一种行为。他的理论向我们提出了两个单纯的问题：即现代社会的人类是否真正做到了与自然融为一体？在人们的日常生活中，无论是在城市还是在自然界，我们究竟是否与实体（Reality）保持着某种关系？

本书的主书名"看不见的自然"，是我对设计的态度，也是我对埃克博问题的回答。

本书的构成

本书共分为四章，为了让读者理解景观设计背后的价值观以及设计意图，我将案例进行整理汇总，并将各章节分别命名为"气息（Ephemera）""时间（Time）""事件（Incidents）""共享（Common space）"。这四章中，"气息"表现自然界中不可见却可被感知的现象，"时间"侧重表现指引人们的意识从"日常"过渡到"非日常"的景观建筑学的另一视角，"事件"表现引发人们活动的契机，"共享"则表现了人们尝试打造自然和谐共生环境的行动与努力。

另外，本书所列举的作品中，采用了很多项目刚竣工时的照片，因为植物还未完全生长，还称不上完美的风景。因此，这些照片也诠释了40年的职业生涯中，我在景观设计中

所植入的信息背后的原点以及意图。但这些景观，只有随着时间的沉淀才能得以完善。

来自未来的评判

人类社会信息技术不断进步，随之而来的是虚拟现实的实现、老龄化与人口减少等社会环境的变化。我认为，即使如此，景观设计在未来的作用也依然重要与深刻。之所以这样说，是因为景观设计基于艺术与科学的协同发展，并符合如今人们所追求的健康的地球环境这一时代愿景。

面对这份期许，是否能交上一份满意的答卷呢？这将通过我们在景观设计领域的实践，在未来得到评判。

本书的出版得到了各方同仁的支持与帮助。感谢加利福尼亚大学名誉教授马克·特雷布先生在百忙之中为本书撰写序言；感谢前哈佛大学设计学院教授、著名景观建筑师彼得·沃克先生让本书再次刊载了他为初版所撰写的序言；也向凤咨询环境设计研究所的吉武宗平先生、参与项目设计的各位同事，以及作为出版方的丸茂乔先生、上平丰久先生、芝野健太先生表示由衷的感谢。

佐佐木叶二
2020年7月于白雨馆

目录

第一章　气息

在设计之中表现看不见的自然

由自然交织而成的各色风景，变化万千，但每一个时节都会呈现出其特有的"风味"。

景观设计的出发点便是表现随时令变化且无形的自然气息。

埼玉城市新中心——榉树广场

日本埼玉县埼玉市　2000年

榉树广场

榉树广场是埼玉城市新中心的核心设施。项目以"空中森林"为主题，在架空平台上设置由榉树组成的城市广场。地表下则埋有辅助树木生长以及提供排水和照明的设备。在距离地面7m高、面积约1hm²的架空平台上用6m×6m的网格种植220棵榉树。在榉树森林的设计中，将建筑与广场视为一个整体进行设施配置。其中有作为观景和商业空间的设施"森林宫殿"、举办活动的场地"下沉广场"和"草坪广场"，同时也设置了方便人们活动的座椅、标识、玻璃幕墙材质的换气塔、垂直动线（电梯、楼梯）等设施。该方案由佐佐木叶二与彼得·沃克以及NTT都市开发公司联合设计，它在1994年的国际设计招标中获得了最高奖项并中标。

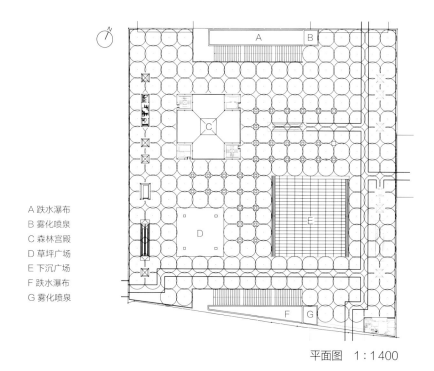

A 跌水瀑布
B 雾化喷泉
C 森林宫殿
D 草坪广场
E 下沉广场
F 跌水瀑布
G 雾化喷泉

平面图 1:1400

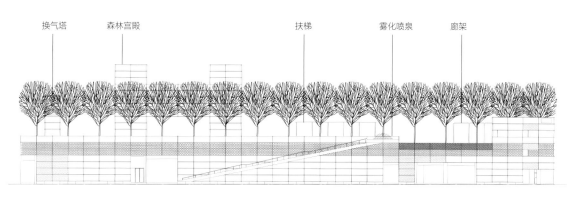

换气塔　森林宫殿　扶梯　雾化喷泉　廊架

立面图 1:700

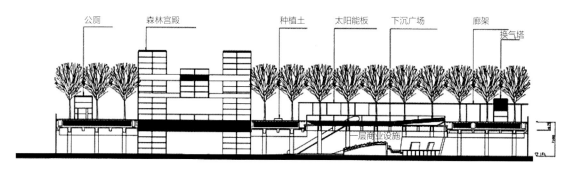

公厕　森林宫殿　种植土　太阳能板　下沉广场　廊架　换气塔

一层商业设施

剖面图 1:700

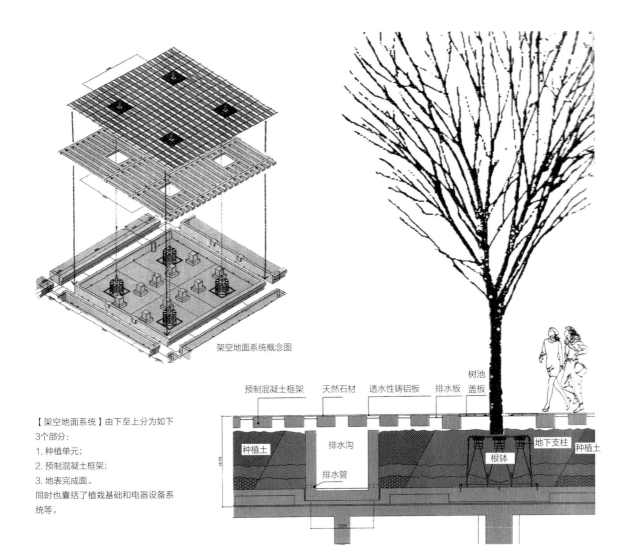

架空地面系统概念图

榉树广场剖面详图

【架空地面系统】由下至上分为如下3个部分:
1. 种植单元;
2. 预制混凝土框架;
3. 地表完成面。
同时也囊括了植栽基础和电器设备系统等。

预制混凝土框架　天然石材　透水性铸铝板　排水板　树池盖板

种植土　排水沟　排水管　根钵　地下支柱　种植土

上图　从广场望向森林宫殿

下图　南侧全景：一层商业入口以及外立面玻璃幕墙

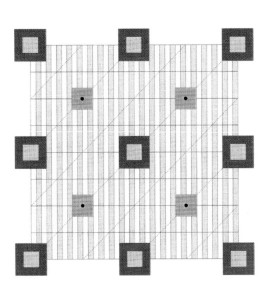

上图　榉树广场模型之一

下左图　榉树广场模型之二

下右图　榉树广场6 m×6 m的铺装模块

右页图　榉树间距6 m。它主要是考虑空间设计，使相邻的榉树枝头相连，从而形成一个"绿色屋顶"

榉树茂密的枝叶就像屋顶一样，清风徐来，阳光斑驳，树影婆娑，将人
们包裹在自然的气息之中

上图　距离地面7 m高的"空中森林"。下层是商业设施

下图　秋日的"空中森林"

台阶一侧泛起鳞波的跌水瀑布与雾化喷泉。当日光洒落时，
便会出现彩虹，为繁闹的都市带来一股自然的清新，减轻了
人们的心理压力

上两图　广场建筑的外立面以及森林宫殿，均由同一模数的铝制框架和横条纹样的玻璃构成。另外，设计地面铺装时考虑到了日光或夜间照明等光影因素，通过采用自然石铺装和由铝铸造的排水沟盖板营造出了完全水平的地面效果

左页图　榉树和它拉长的影子、光线、裸露的结构框架、透过玻璃和树枝瞥见的天空……通过透明性与反射的效果，使建筑与景观空间浑然一体

上图　白天这里是供人们休闲放松的空间，到了晚上它们则像排列的灯笼一样，变为发光的坐凳

左页图　以6 m见方的格子为基准配置坐凳

将玻璃砖埋入下沉广场的地面，营造"光之地面"。白天，自然光透过玻璃砖照入室内，夜间这里则化身为光的海洋

NTT武藏野研究中心广场

日本东京都武藏野市　1999年

NTT武藏野研究中心

NTT武藏野研究中心广场项目的特征是保留连接高层建筑与低层建筑的中庭——一处位于场地中央的开放空间。该设施除了适合基础研究开发机构使用外，还可作为全世界研究者交流的中心，多媒体大厅、展示室、餐厅等设施一应俱全。

广场的设计以现代日式风格为概念，旨在打造使研究者和访客身心放松并激发创新灵感的"精神之庭院"。

该项目以现代方式诠释了传统的日式空间构成，并以一种新的方式表现建筑与自然的整体性。

关于本项目的设计手法，最明显的特征便是引入立体几何学的方式。在保留场地内原有树木以及巨大樱花树的同时，在地表设计由水池与草坪构成的市松纹[1]图案，这样无论是从高层俯瞰还是从地面远望，都增强了空间的立体美感。

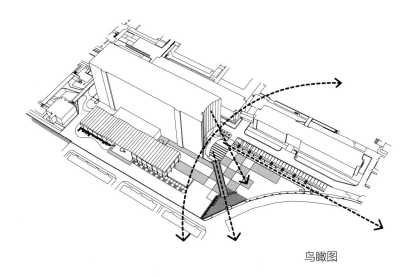

鸟瞰图

1　一种格子纹样，由两种颜色的正方形交错配置而成。

市松纹的水池映射出枝叶与天空，表现了自然的生动感与寂静

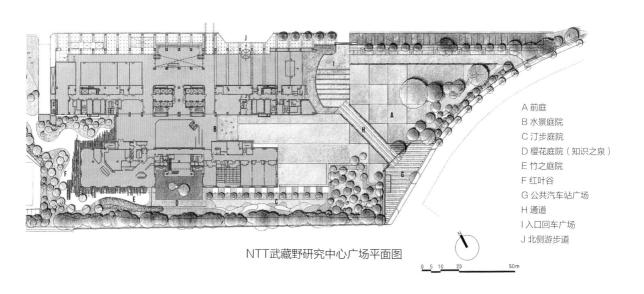

NTT武藏野研究中心广场平面图

A 前庭
B 水景庭院
C 汀步庭院
D 樱花庭院（知识之泉）
E 竹之庭院
F 红叶谷
G 公共汽车站广场
H 通道
I 入口回车广场
J 北侧游步道

0 5 10   20   50m

冬日前庭的风景

右页图　水面的波纹卷起飘落的樱花瓣，如一幅描绘着季节变迁的画作。通过景观设计中的几何构图，为园区奠定了自然的基调

每日新闻社大阪总部二期 "波浪之丘"

日本大阪府大阪市   2007年

本项目位于城市的写字楼中，其前后的建筑有着5m的高差，如何通过景观设计处理好由扶梯相连的倾斜中庭空间是设计的主要问题。对此，设计师给出的方案是不采用常规的石砌挡墙来处理高差，而是尝试在人们上下移动的过程中，打造一个类似"大地艺术"[1]一般，能切身感受大地柔和肌理的环境装置空间。大地艺术最显著的特征便是表现大地的感觉以及形态的简约性。在项目中将斜坡整体视为大地的表皮，着重表现绿色的褶皱与起伏的韵律。项目中使用的地被植物为喜阴且能在坡面上生长的玉龙草。另外，为了通过表现季节感和高级感来提升景观入口的品质，设计师在场地中配置了鸡爪槭并沿着波浪的边线设置了可以在各季进行更换种植的花箱。每当阳光照进中庭时，绿色的波浪便会表现出惊艳的光影流动感，空

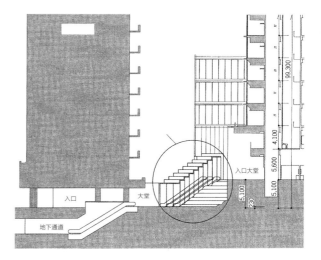

原始场地剖面图

气中袅袅上升的水雾如同仙境。这时人们方才察觉到，突然出现的自然现象已在不经意间被引入到建筑内部。

佐佐木叶二认为，在今后如何让自然渗透到建筑内部，是关于城市中建筑景观设计的重要课题之一。

---

1 大地艺术（Land art, Earthworks 或Earth art）是在20世纪60年代末和70年代初期始发于美国的一种艺术运动。

由绿色波浪构成的斜坡营造出大地艺术景观，四季绿植轮换的花箱为空间增添了高级感。斜坡的绿化，采用了在人工土壤下层添加硬质泡沫填充材料来减轻整体荷载，并在斜坡表面配置玉龙草种植网格

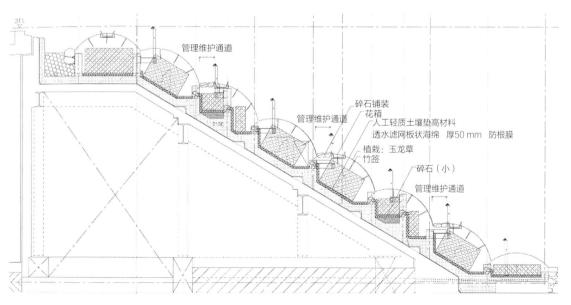

中庭剖面图

定时喷洒出的水雾既能为植物补水，也会在阳光照入中庭的瞬间产生
彩虹。绿色的波浪在阳光的照射下表现出让人惊艳的光影流动感

如绿色波浪般的斜面，使人们在上下移动的过程中感受到柔和的自然空间

在写字楼间由扶梯相连的斜面中庭空
间内，通过作为大地艺术的环境装置
使自然渗透到建筑内部

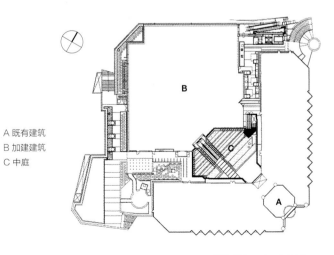

A 既有建筑
B 加建建筑
C 中庭

平面图　1:1500

在波浪小丘的端部，设置
有由安山岩碎石块构成的
管理维护通道和石笼挡墙

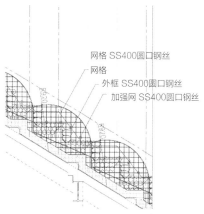

网格 SS400圆口钢丝
网格
外框 SS400圆口钢丝
加强网 SS400圆口钢丝

石笼挡墙剖面图　1：60

新加坡共和理工学院

新加坡兀兰　2006年

新加坡共和理工学院位于新加坡北部的兀兰，是一所可以容纳13 000名学生以及4 000名教职工的大学。校舍设计于2002年开始国际竞标，最终由槙综合计画事务所中标，并于2006年竣工。

该项目定位为公园里的校园，旨在使学校与毗邻的地区公园连成一体。在公开招标后，项目组委托佐佐木叶二主持该项目的景观设计。

校园的中央配置了两块分别名为"Agora"和"Lawn"的双层椭圆形平台。"Agora"包括美食广场、图书馆、阅读空间等设施，营造出激发学生与教师交流的多样化空间。"Lawn"是覆盖着草坪与树木的屋顶广场，连接着11栋教学楼与行政楼。镶嵌在"Lawn"之中的8处庭院以"波浪状的草坪广场""浮于水面的树木广场"等为主题营造了丰富的空间，同时也作为采光井为"Agora"提供采光。"Lawn"也被用来进行室外授课以及举办各类活动的场所，树荫下是学生们聚集活动的空间。通过这些要素的串联，在校园中营造出了富有魅力的立体景观空间。

新加坡共和理工学院全景

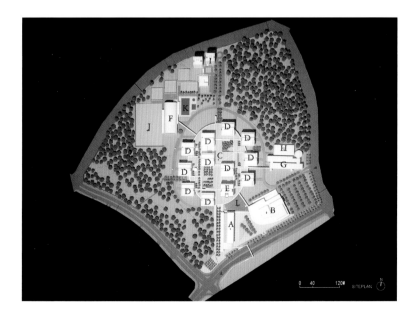

A 行政楼
B 文化中心
C 学习中心（Agora与Lawn）
D 教学楼群
E 教师中心
F 体育馆
G 立体车库
H 能源中心
I 教师公寓
J 多功能操场
K 泳池
L 水池

总平面图

上图　在"Lawn"的风景中可以看到远处的教师公寓

右页图　北侧庭院树林间设置有喷泉，置身其间能听见潺潺的水声

从"Lawn"向下俯瞰，交错配置的教学楼群与8处庭院形成了变化多样的空间

上图　北侧庭院的水景倒映着树木与教学楼群

下图　南侧庭院内的绿色波浪状草坪

从图书馆望向"Agora"
与南侧庭院的风景，同
时也可以观察到其上方
的"Lawn"以及其他场所
中人们的活动

河畔庭院

日本富山县富山市　2017年

　　该项目是坐落在日本富山县富山市郊外的小型度假酒店"雅乐俱"中的一处庭院。酒店经营者本着"打造像美术馆一样的酒店"的执着热情，在酒店内收藏了300余件艺术品。作为一所高级酒店，自2000年开业以来，无论是在客房布置、酒店用品设计还是日式餐厅和西餐厅的设计中，均引入了艺术、工艺美术和文化元素，保持着高品质的酒店经营。

　　该项目的场地是酒店餐厅门前面向神通川河的一处庭院。该空间虽作为一处后花园景观，但河面波光粼粼，倒映着对岸青山，风景十分美丽。

　　该景观设计的目的是让人们感受神通川壮阔的景观与河面粼粼波光的魅力。新建成的庭院仿佛一件艺术品，是一处可以让人们享受到被碧水青山环抱的场所。为了达成这个目的，设计师移除了场地内原有的艺术作品和木质铺装，将其变为由黑色与白色条纹组合成的石质铺装。条纹图案是水波的抽象化表现，植弥加藤造园公司开发的"单元预制施工法"在施工中起到了很大作用。松本圭介先生设计了庭院中遮挡水库边浮木打捞器的耐候钢板景观墙。景观墙的基础形态体现了立山三山[1]的山峰形状，并通过激光镂空雕刻技术雕刻出三种图案，其分别为象征富山县传统工艺的组子纹样[2]、特产大米和立山杉树。

　　景观墙、绿植与条纹铺装相互映衬，为新的艺术庭院增添了别样的魅力。

1 立山为富山县著名景点，有雄山、净土山、别山三座名峰。
2 一种类似雪花一般的木工纹样，为富山县特产。

湖畔半庭院。

黑白条纹铺装使人们的视线延伸到
神通川水光潋滟的壮阔景观

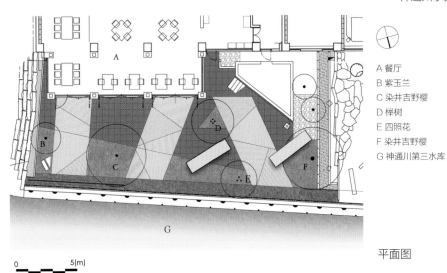

A 餐厅
B 紫玉兰
C 染井吉野樱
D 榉树
E 四照花
F 染井吉野樱
G 神通川第三水库

0   5(m)

平面图

透过榉树分叉的树干可以看到由黑白条纹石板与黑色系石板铺装而成的地面

河畔庭院风景

鸟瞰黑白条纹石板、黑色系石板与自然石块的连接部位

上图　耐候钢板景观墙与樱花树

下图　从餐厅内观赏河畔庭院的风景

在耐候钢板景观墙的设计中，通过激光镂空雕刻技术制
作的象征富山县传统工艺的组子纹样

第二章　时间

赋予场所以记忆的设计

回归自我的时间。

在可以让人们感觉到时间只属于自己的空间中，风景带来使心境起伏与深邃的冥思，引导着人们从日常生活进入非日常的状态。

花园城市之塔

日本大阪府大阪市　2000年

花园城市之塔

在高层建筑群所带来的垂直秩序（纵向）中引入水平（横向）的构图，使城市空间中潜藏有如裂缝或褶皱一样的静谧空间，给来访者内心带来暂时的宁静。花园城市之塔正体现了这种设计手法。

一层以及地下部分的半公共空间[1]的设计概念为"光之沐浴"。阳光下的瀑布与喷泉闪耀着晶莹的光芒，使置身其间的人感受到广场无时无刻不在变化的光景，同时也使景观更具纵深感。

1 日语语境内指在私有地中，场地边界与外墙之间形成的具有公共属性的室外空间。

银杏树的影子笼罩着来访者的身形。简洁的设计使得空
间就像一本乐谱，任由演奏者（来访者）自由发挥，游
走其间

A 雾之喷泉
B 光之舞台
C 长生草庭院
D 夕阳庭院
E 银杏庭院
F 游步道

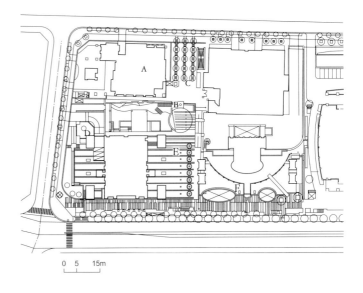

平面图

0 5 15m

上图　阳光下熠熠生辉的瀑布，使风景具有深邃感，
让人们亲身感受到时刻变化的广场姿态

左页图　"雾之喷泉"就像呼吸一般，每隔一段时间
水流就会溅起白色的飞沫。水流的形态无时无刻不在
发生着变化，勾起人们内心的涟漪和想象

水雾瀑布

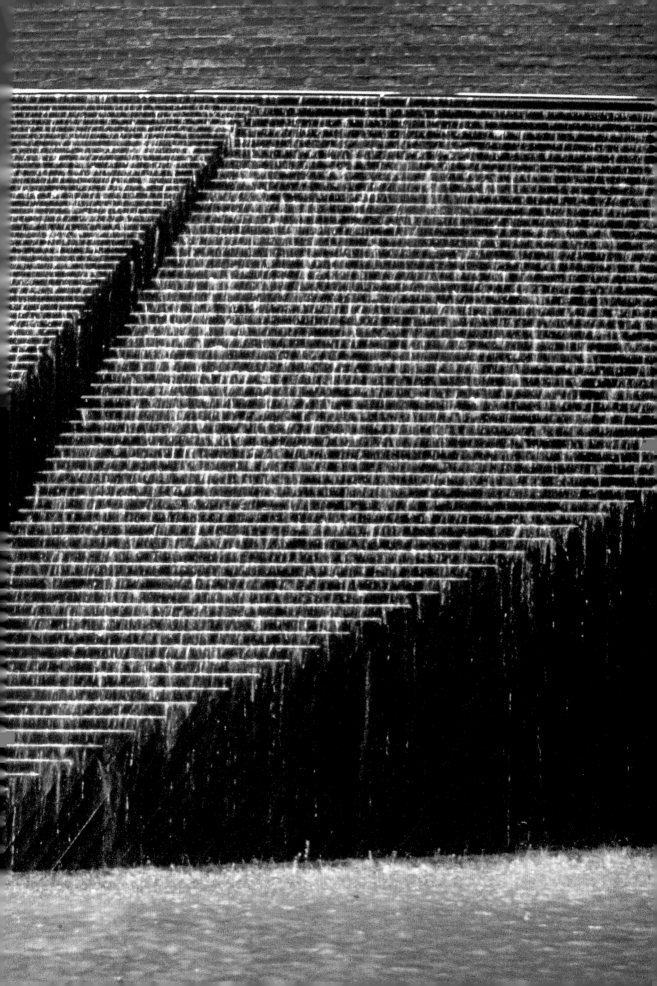

入夜，树木与柱状喷泉被灯光点亮。寂静的光景中仿佛流淌着万千种无声的音乐，让人仿佛置身于幻境之中

岚山庄

日本京都市　2014年

本项目位于京都著名的景点岚山，是一家企业疗养院的景观设计。业主希望可以设计一座现代且明亮的日式庭院。

设计的主要空间为前庭、中庭和内庭3座庭院，以及入口通道和停车场。本项目以"水"象征岚山的流水并进行空间表现。

在庭院的施工方面，京都独有的园林施工技术是必不可少的，所以在最初的设计阶段设计师就与施工方紧密协作，共同推进项目。

通道作为出入口空间，其设计风格在整体保持沉稳低调的同时，也让来访者宾至如归。从大门到玄关铺设了纤细的条纹图案铺装，一直延伸到室内空间，引导来访者进入空间内侧。停车场的设计灵感来源于日本传统枯山水庭院中经典的水波纹图案，以及现代京都和服的条纹图案。

前庭是以从渡月桥[1]放眼望去大堰川[2]之上的轻舟为意象设计的空间，在代表水面的白砂中漂浮着覆盖苔藓的船形小岛。

中庭是由不规整的市松纹地面与垂直伸展的竹子交织而成的现代日式庭院。花岗岩的墙壁以抽象化的方式表现了奔涌直下的瀑布。到了秋天，花岗岩瀑布上方的枫叶一片赤红。内庭则是以岚山保津峡[3]的溪谷为意象，旨在表现河水从大山森林深处奔流而下的情境。

---

1 京都岚山景区的地标之一。
2 流淌于岚山景区，渡月桥横跨其上。
3 大堰川上游的河谷，岚山景区的景点之一。

不规整的市松纹绿植和白砂构成的地
面图案，垂直伸展的竹子与地面营造
出现代日式庭院

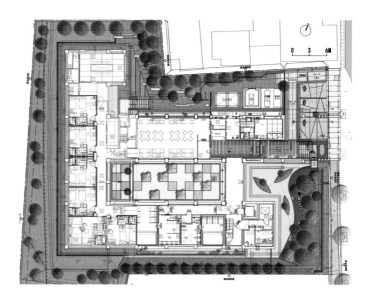

平面图

上图　右侧墙壁由巨大的、规则切割的花岗岩石块构成，以意象化的方式表现了在悬崖峭壁之间奔涌而下的瀑布

左页图　利用不规整的市松纹绿植与竹子、白砂打造的中庭

上图　前庭配置了代表水面的白砂中漂浮着覆盖苔藓的船形小岛

左页图　到了秋天，枫叶被染成一片赤红

停车场的设计采用传统枯山水庭园中的水波纹，以及京都和服的条纹图案的表现方式

上图　巨大的鞍马石[1]搭配着纤细且颜色鲜艳的碎拼石块,作为出入口空间的地面铺装,设计沉稳低调而彰显高贵

下图　场地外墙采用了顶部植草的石墙与竹篱的搭配

1 日本京都出产的一种花岗岩，铁锈色为其特征。

冥想之庭

美国加利福尼亚州索诺玛县　2004年

　　"基石花园节"的举办地位于美国加利福尼亚州的索诺玛县，展示了19位来自世界各地的景观建筑师的作品。佐佐木叶二作为日本设计师的代表，其作品"冥想之庭"被选中并进行永久展示。

　　"冥想之庭"是一处以时间为设计主题的庭院。当来访者行至入口处，草坪中央的条纹石板路引导人们的视线望向远处的群山。每当迈出一步，脚底就会收到来自草坪与石头的触觉反馈，同时意识也开始由日常生活情境慢慢地过渡到非日常生活情境。就这样，心中缓缓涌起对将要开始的宁静时光的期待。

　　草坪勾勒出美妙的弧线，就像在白色砂海中凸出的半岛一样。耐候钢箱体笼罩在半岛顶端的松树树荫下，为人们提供了独自冥想的空间。箱体有着像日式茶室一样的入口，当人们低下头弯腰进入箱体后坐正，便沉浸于由从内壁正下方切口射入的光芒和头顶上方四方形天空所构成的世界中。

　　离开美丽的庭院，端坐在耐候钢箱体中的石块上独自冥想，意识便慢慢地被拉进自我的内心世界。这个箱体是可以移动的，不论放置在哪里，都可以创造内观自我的时间。当人们置身其间思考过去、现在与未来的时候，这座庭院也被赋予了无穷的先知性。

冥想之庭

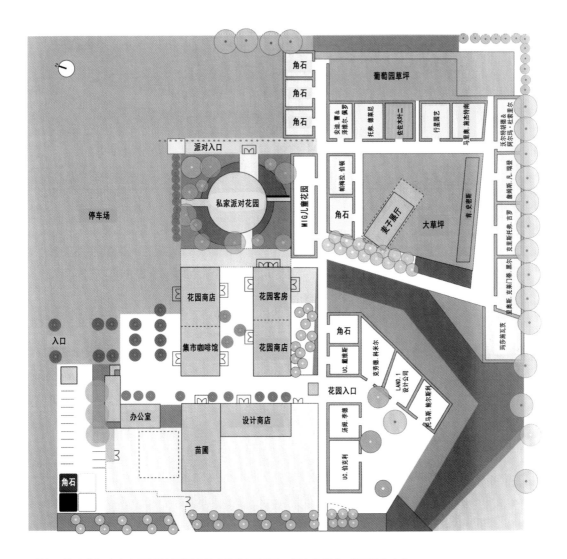

"基石花园节"中由各国设计师设计的庭院的配置图,绿色标块为"冥想之庭"

佐佐木叶二设计的"冥想之庭"。在耐候钢箱体下方是可低头弯腰进入的入口

水盘之墓碑

日本大阪市　2009年

　　佐佐木叶二将立在大阪市一心寺墓葬区中的家族墓，设计成一整块黑色岩石加工而成的垂直竖立的墓碑。之所以这样设计，是想要借此表现其亡父佐佐木节雄的艺术精神。

　　圆形水盘的直径为350 mm。水面底部，平滑的曲面延伸至贯穿石盘中心的花插。石材为印度产的光面加工英帕拉黑（Impala Black）花岗岩。当水盘中盛满清澈的水时，倒映在水面的风景则呈现一个远离喧嚣日常的静谧世界。

　　墓碑的背后种着一棵巨大的乌冈栎，因其姿态仿佛能剧舞台背景板上的老松，所以墓碑也产生了小舞台一般的效果。地面施工采用日本传统的瓦匠技术"三合土"，完成面为小砂石水刷石工艺。横置的香台选用顶面雕有凹槽的光面加工英帕拉黑花岗岩。

插入鲜花之后倒映在圆形水盘中的风景

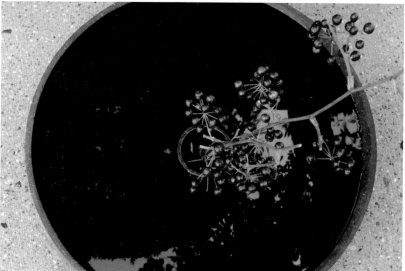

上图　墓碑与水盘垂直竖立，是由整块的黑色岩石加工而成的

左页图　墓碑后的巨大的乌冈栎

鸟瞰图

第三章　事件
反映行为的设计

在生活中我们总会遭遇或者发现一些意想不到的事情，这会改变人的认知，进而引发各种行为。丰富的自然变化赋予人们新的刺激与梦想。

六本木新城

日本东京都六本木　2003年

六本木新城是一座集商铺、住宅、办公，以及广场等空间为一体的综合城市设施。

在这个街区的设计中，设计师旨在营造两种迄今为止东京未曾有过的城市魅力。第一种是文化市中心，第二种是垂直庭院城市。文化市中心，是指由高格调的城市文化引领跨界合作以及多样活动的魅力城市空间。这其中的景观设计吸引着人们进入办公、艺术、商业、住宅以及娱乐空间，成为人们感受数字化文化创作氛围的契机。垂直庭院城市，是指从地表层到屋顶层都配置了绿植丰富的广场与庭院，人们可以在立体空间中自由穿行，形成由绿色散步路连接而成的城市空间。该街区有着"立体洄游森林"般的结构，除了需要确保私密性的空间，所有建筑与绿色开放空间相互连接，如同俄罗斯套娃一样。比如，人们自认为进入了一幢建筑内部，但眼前却出现了一处广场空间，而广场一侧的台阶则连接着小径深处的另一处小广场。所有的道路、广场和庭院都被赋予了蕴藏典故的名字。六本木成了无论是一人，还是多人都可以徜徉其中的无死角的立体绿色街区。

六本木新城兼具崭新的空间结构与迄今为止东京未曾有的"文化吸引力"和"内省的空间魅力"两种空间气质。可以说，六本木新城扩展了城市魅力与多种可能性，是一处可以激发灵感的创造性空间。

右页图　六本木新城是具有各类空间的综合设施。该项目超越了建筑、土木、艺术等专业的边界，以"人与自然的互动"为主题，实践多元化的新式设计

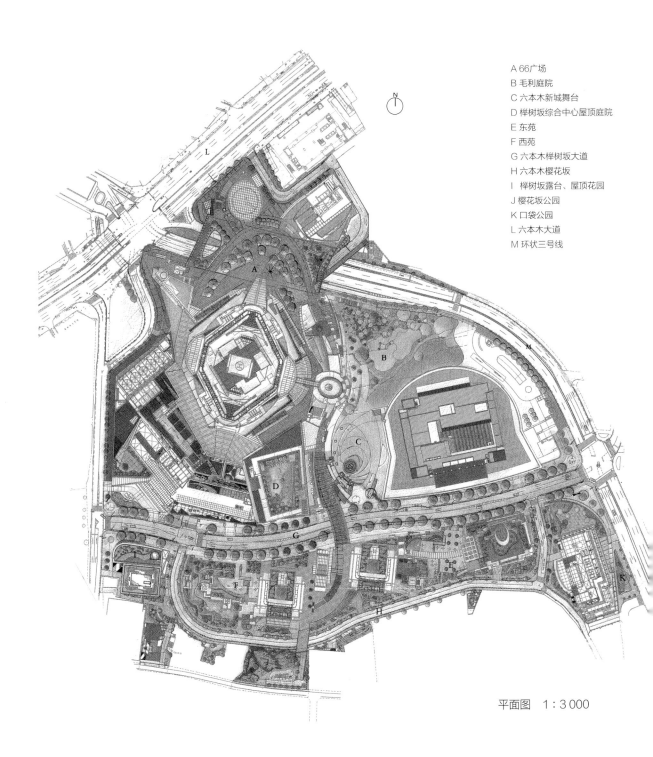

N

A 66广场
B 毛利庭院
C 六本木新城舞台
D 榉树坂综合中心屋顶庭院
E 东苑
F 西苑
G 六本木榉树坂大道
H 六本木樱花坂
I 榉树坂露台、屋顶花园
J 樱花坂公园
K 口袋公园
L 六本木大道
M 环状三号线

平面图 1∶3 000

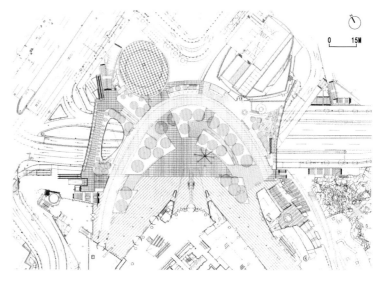

66广场平面图

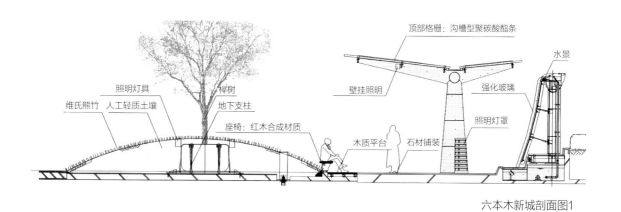

顶部格栅：沟槽型聚碳酸酯条

水景

照明灯具

榉树

维氏熊竹　人工轻质土壤

地下支柱

壁挂照明

强化玻璃

座椅：红木合成材质

照明灯罩

木质平台　石材铺装

六本木新城剖面图1

北侧步行栈道

绿篱

防护围栏

廊架

植栽小丘

榉树

水景设施

玻璃扶手

开口部

水景设施

南侧庭院

4700以上

4700以上

侧方小路

东京都道路　环状3号线

支线车道

4500以上

4700以上

六本木新城剖面图2

66广场位于道路上方的架空平台上。回廊状的廊架引导人们顺畅地进入各个街区。这里既是连接车站的入口广场，又是供人们会面与休憩的场所

上两图　廊架边沿是由玻璃幕墙构成的流水景墙，流水的声音和落下时产生的气泡营造出细腻且静谧的氛围。同时，流水景墙也起到了防风墙的作用

左页图　平缓起伏的绿色小丘上，以阵列的形式种植着榉树与楠木，营造让人感到舒适的穹顶空间

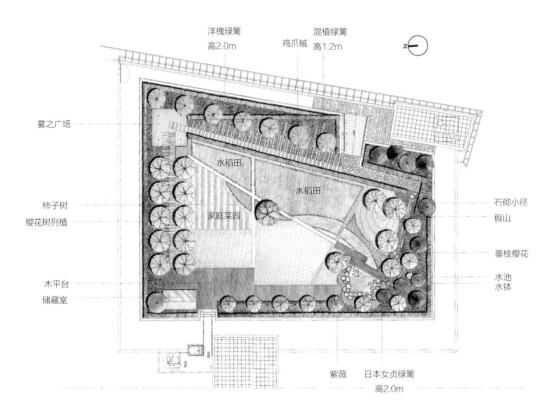

洋槐绿篱
高2.0m

混植绿篱
高1.2m

鸡爪械

z

雾之广场

柿子树
樱花树列植

木平台
储藏室

水稻田

水稻田

家庭菜园

石砌小径
假山

垂枝樱花

水池
水钵

紫薇   日本女贞绿篱
高2.0m

屋顶庭院平面图 1：100

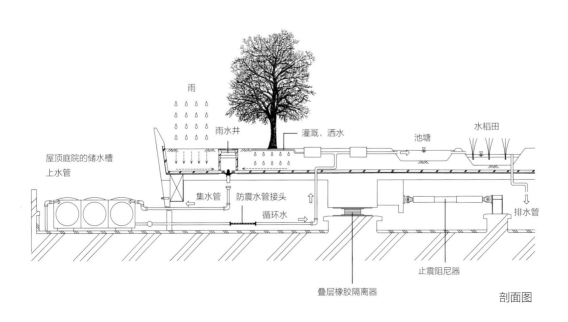

雨

雨水井

灌溉、洒水

池塘

水稻田

屋顶庭院的储水槽
上水管

集水管   防震水管接头

循环水

排水管

叠层橡胶隔离器

止震阻尼器

剖面图

屋顶庭院由传统日式庭院要素与现代空间结合而成，通过加入水稻田与家庭菜园，使屋顶空间成为让人们忘却都市喧嚣的乐园。屋顶庭院采用了雨水储存再利用系统，用以灌溉水稻和景观植物。各类动植物在此生存，在空中再现了孕育生物的"大地"这一自然原有样貌

有稻田的屋顶庭院位于六本木新城的榉树坂综合中心屋顶。得益于优秀的抗震结构设计，本项目在距地面45 m高的地方打造了面积约1 300 m²的空中庭院

京都八条都酒店婚礼会场

日本京都市　2005年

　　婚礼会场应该是什么样子？这个项目正要求设计师给出问题的答案。

　　婚礼的仪式是美好的。当仪式结束，钟声伴随着两位新人的笑脸而响起时，人们会情不自禁地在窗边拍手送上祝福。设计师认为，婚礼会场就是被祝福的风景。

　　场地位于由酒店新建的客房楼三面围合而成的架空平台（下方为停车场）之上，也与旧主楼一层餐厅前庭的围墙顶端相连接。就景观设计方案来看，首先通过以水景覆盖整体空间的方式，更加突出作为婚礼核心的中庭教堂的视觉效果。其次，营造视觉空间的景深效果，像催化剂一般助推婚礼走向高潮。教堂采用具有象征性的玻璃幕墙结构，周围的水景闪烁着波光，发出使人愉悦的潺潺水声，营造出一片与周边喧嚣的环境相隔绝的、华美的内在世界。

　　中庭水池的一侧是线状的瀑布，洒落在旧楼一层餐厅的前庭，水气滋润着空间。在项目完工后，教堂就立即承接了婚礼业务。房客们通过窗口注视婚礼，新郎新娘在中庭接受亲友们的祝福。这样的场景正是本设计力求达到的理想效果。

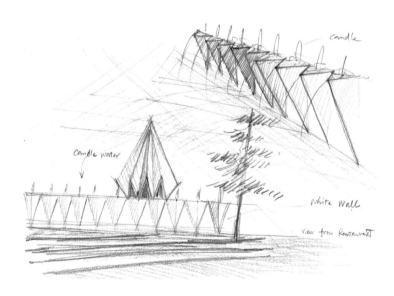

一层餐厅视角下的墙壁形态草图

被酒店客房楼围合的婚礼会场效果图

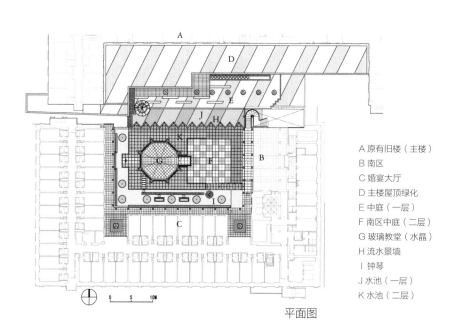

A 原有旧楼（主楼）
B 南区
C 婚宴大厅
D 主楼屋顶绿化
E 中庭（一层）
F 南区中庭（二层）
G 玻璃教堂（水晶）
H 流水景墙
I 钟琴
J 水池（一层）
K 水池（二层）

平面图

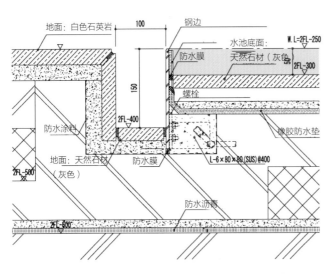

地面：白色石英岩　　100　　钢边

水池底面　　W. L=2FL-250

防水膜　　天然石材（灰色）

2FL-300

150

螺栓

2FL-400

防水涂料　　橡胶防水垫

地面：天然石材（灰色）　　防水膜　　L-6×80×80 (SUS) @400

2FL-500

防水沥青

2FL-500

水面端部详图

上图　水景由蜡烛形状的喷泉化作线状瀑布落到一层餐厅的前庭，在这里可以聆听水声

右页图　俯瞰婚礼会场

上图 蜡烛状喷泉洒落下的水花变成线状的瀑布，顺着三角形的墙壁流下

下图 通过在瀑布的出水口设置减缓波浪的"消波板"，使得落下的水流呈现出美丽的弧线

婚礼结束之后由两位新人敲响钟琴，此时此地便是祝福的风景

入夜，水流落下溅起水花，水下照明的光亮映射
出随水波摇曳的墙壁倒影

钟琴与教堂的夜景

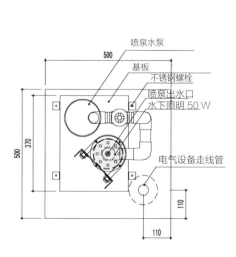

喷泉水泵
基板
不锈钢螺栓
喷泉出水口
水下照明 50 W

500
500
370
110
110

电气设备走线管

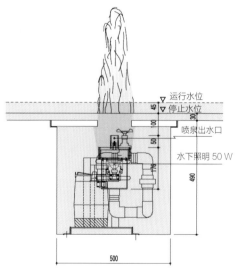

运行水位
停止水位
喷泉出水口
水下照明 50 W

45
30
100
50
170
490
500

水中照明详图

左页图　教堂与瀑布的夜景

基町Credo广场

日本广岛市　1994年

基町Credo广场

基町Credo广场是一座位于广岛市中心的大型综合商业设施。其空间构成特征是通过中央的天井有机地连接高层酒店、百货店、特色商店街、会馆等设施。

景观设计方面，在突出民营商业空间活力的同时，试图引入带有公有性质的城市广场，使景观空间可以作为公共空间供人们自由使用。

无论从视觉层面还是信息层面，营造充满变化与刺激的城市空间体验流程是十分重要的。在设计中，下沉广场（下沉庭院）、屋顶广场（天空露台）等开放空间在建筑内部立体穿插，从而形成一处立体洄游式的庭院。

A 交流广场
B 下沉广场
C 天空露台

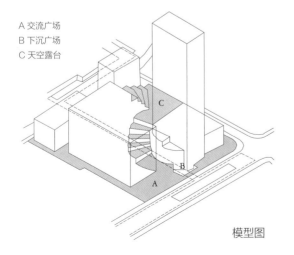

模型图

鸟瞰图

上图　广场的铺装纹样。灵感源自缓缓拍打岸边的海浪

右页图　天空露台局部

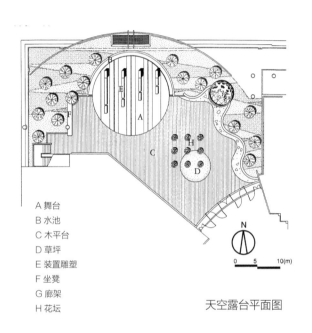

A 舞台
B 水池
C 木平台
D 草坪
E 装置雕塑
F 坐凳
G 廊架
H 花坛

N

0   5   10(m)

天空露台平面图

天空露台的视觉中心——"雾之舞台"。舞台的旱式喷泉可
以营造雾气的效果，另外在装置景观柱（兼坐凳）的远端，
可以望见被淡淡的雾气和蓝天笼罩下的广岛城以及中国地方[1]
群山的景色

1 日本本州岛西部的地区名称，其范围主要包括鸟取县、
岛根县、冈山县、广岛县和山口县。

韩亚全球(企业)教育园

韩国仁川　2019年

　　本项目是韩国首屈一指的金融集团公司为人才开发与教育而设立的职员人才培训中心。面积约为17hm²的场地位于仁川，毗邻一座高尔夫球场，其周边地区被规划为一片产业园区。景观设计的对象包括带有中庭的教研楼、迎宾馆、宿舍楼、篝火广场、足球场、儿童游乐场和国际广场等。融合设施群的内外部空间，营造有魅力的空间，提升企业品牌价值以及打造具有格调的景观空间，都是本次设计的任务。因此，景观设计的目标是着力打造表现日、月的宇宙规模空间尺度，以此象征金融集团公司向世界进军的经营愿景。

　　首先，设计师将国际广场设计成直径为地球直径十万分之一的圆形广场，周边环绕地景艺术风格的绿植带。同时，篝火广场也被设计成直径为月球直径十万分之一的圆形广场，其中配置了朝向圆心的环形坐凳，职员可以愉快地聚集。中庭由教研楼和宿舍楼围合而成，配置了大量的室外雕塑，多个由坐凳围合而成的树木广场，以及带有阵列喷泉的条纹状水池，为职员打造充满艺术气息的交流场所。

　　该设施不只限于公司职员，当地居民也可以利用。不仅如此，设计师还通过崭新的空间构造来表现企业的魅力与潜力，希望该设施成为韩国向世界传播创造力的文化空间。

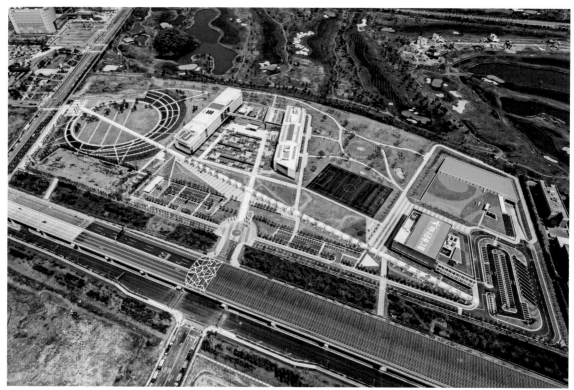

上图　韩亚全球(企业)教育园的全景鸟瞰图

下图　中庭由教研楼和宿舍楼围合而成，其中配置了带有阵列喷泉的条纹状水池和大量的室外雕塑

国际广场的直径为地球直径的十万分之一，圆形广场
周围是有着大地艺术风格的绿植带。此外，还设计了
一条贯穿整个场地的榉树贯通道路，作为连接各个设
施的象征性轴线

国际广场

校园

国际广场局部

局部景观

上图　国际广场的夜景

右页上图　教研楼和宿舍楼围合而形成的中庭夜景

右页下图　以高大的玻璃景观柱为特色的西门夜景

名古屋星之丘露台

日本名古屋市　2003年

　　本项目是一处商业空间中的景观设计，该设计尝试定义一种城市中充满活力的新型场所。如果从经济价值来看，通常会按照场地建筑覆盖率[1]规定的上限来进行建设，但本项目却使建筑外立面向场地内部退线。也就是将建筑外立面设计成向场地内部凹陷的曲面，在场地的沿街一侧形成了一处半月形的开放空间，以作为露台广场供来访者自由使用。该项目采用了促进私有土地进行公共利用的区域经营方式。

　　在项目完成初期，露台广场起到了引流的作用，使店铺乃至街区都迸发出活力。之后，商场运营方在露台上增设了户外桌椅、可随季节更换的花坛，更利用场地内的榉树枝干设置了秋千，增进了人们对社区的热爱，提高了空间利用的满意度。

　　在今后的景观设计中，不仅要考虑开发建设，还要考虑之后的管理与经营，这才是街区活化与再生的关键。

右页图　秋天的星之丘露台。店铺前方的露台为街区带来了活力，商场运营方在露台设置了户外桌椅

---

1 建筑覆盖率指单层建筑面积与建筑基地面积的比值，即建筑密度。

在竣工17年后，利用长高
后的榉树的枝干设置了秋
千，这里也成了当地小朋友
们喜爱的场所

刚竣工的星之丘平台。虽然当时榉树还未长大，但将私有土地改造成可供来访者自由使用的公共露台广场，其作为人们会面与交流的场所展现出了活力

第四章　共享

共享自然与文化的设计

庭院是永远的乐园。

庭院表达了不同时代人与自然的关系，影响了人们的生活方式。
当花园设计提升我们的感知和空间意识时，居住空间就升华为一种艺术。

白影庭院

日本东京都世田谷区　2006年

白影庭院位于东京都世田谷区一处安静的住宅街区。

建筑地面部分为五层，凹字形的建筑平面围合出一片中庭，中庭是一处架空平台，中庭下方是小区的立体停车场。

由于中庭位于架空平台之上，所以无法种植大面积的植被。当来访者从建筑出口走向中庭时，视线正好落在对面及两侧住户的窗户，为了确保住户的隐私，在设计中采用白色背景墙将入口以外的三面进行了围合。

在设计初期绘制的草图之中，门形梁柱景墙使广场呈现出舞台一般的感觉，提升了入口玄关的象征性，并将中庭设想为居民的聚会广场。中庭地面采用了白色荔枝面石材铺装，可以清晰地映射出光、影和雨等自然现象。植物则选用了在春日盛开美丽白花的星花木兰树和常绿植物莱兰柏树。照明衬托出植物和白色景墙，表现了丰富的光影变化。

白影庭院作为一种空间媒介，使居住在这里的人们一起分享了充满光影意趣的风景。

手绘图

白影庭院

位于住宅楼中庭的门形梁柱景墙
使广场呈现出舞台一般的效果，
同时将空间转换为居民的聚会
广场

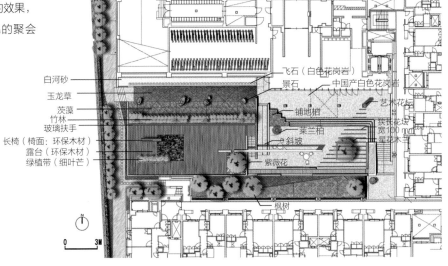

白河砂
玉龙草
茨藻
竹林
玻璃扶手
长椅（椅面：环保木材）
露台（环保木材）
绿植带（细叶芒）

飞石（白色花岗岩）
景石
中国产白色花岗岩
铺地柏
莱兰柏
斜坡
紫薇花
枫树

艺术花盆
茨氏花坡
宽100 mm
星花木材

0   3M

平面图

上两图：中庭铺装采用白色荔枝面石板，能够映射光、影和雨等自然现象。这里也是儿童尽情玩耍的场所

照明衬托着盛开美丽白色花朵的木兰树和白色景
墙，表现出丰富的光影变化

上两图　夜景图

"SAKURADIA" 屋顶庭院

日本埼玉县　2008年

　　本项目是一处位于集合住宅中庭的停车场屋顶庭院设计。由于此处是架空平台，对荷载有着严格的限制，因此采用了薄土轻量绿化（屋顶轻量绿化系统）[1]。

　　为了解决薄土轻量绿化容易导致景观单调乏味的问题，在景观设计中，设计师尝试打造"多层风景构造"。"多层风景构造"这种设计手法是指在中庭设计多种场景空间，通过多层风景的重合打造有融合感的中庭氛围。

　　在城市生活越来越注重隐私的大背景之下，市中心的集合住宅中庭承担了提供共享和交流的场所使命。至于共享的内容是什么，可能是朝日与夕阳的风景、四季的风、可以交流的场所或游乐场，也可能是可供人们照料打理的植物或者供小朋友奔跑嬉戏的草坪、夜路中使人安心的灯光等。

　　在屋顶庭院的设计中，设计师旨在营造一种可以产生多种交流契机的动态空间构造。

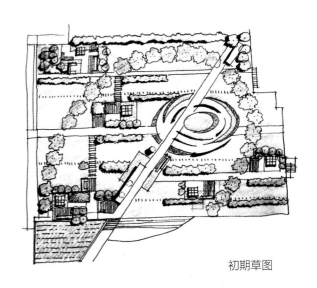

初期草图

1　源自德国的屋顶轻量绿化技术，于1996年传入日本。其地下结构由耐根穿刺层、耐根穿刺层保护层、排水层、透水层以及土壤层构成。

屋顶庭院包含产生多样交流契机的动态空间构造

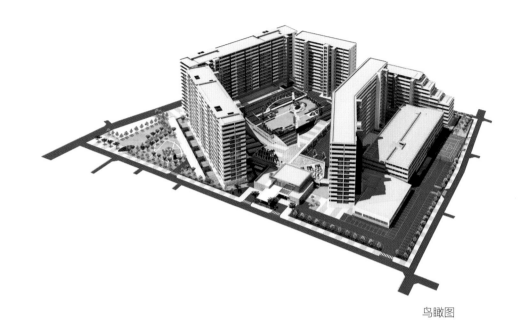

鸟瞰图

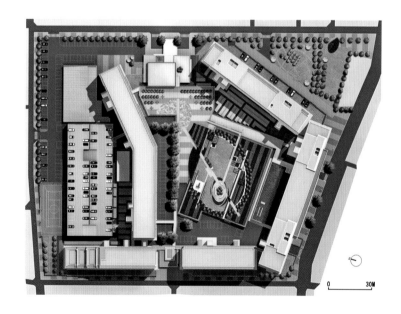

0   30M

总平面图

左页上图　采用薄土轻量绿化方式的屋顶庭院

左页下两图　场地中央交流广场和儿童游乐场的风景

上图　屋顶庭院的夜景

左页两图　横跨在圆形水盘之上的住宅入户主轴通道

汉南"山丘"

韩国首尔汉南洞　2010年

　　本项目是位于韩国首尔汉南洞高级住宅区的一处集合住宅。该集合住宅的占地面积约11hm²，共建有32栋3~12层的建筑，约600户。凤咨询环境设计研究所通过投标取得了该项目，业主在委托给研究所为期3年的设计与施工监理业务的同时，也委托了竣工后为期2年的持续设计监理业务。采用这种业务委托方式，是因为业主希望打造更加具有魅力的空间环境。

　　景观设计的目标是克服横亘在中高层楼房区的围合型与直线型架空平台所带来的空间分裂感。为此，佐佐木叶二将"表现看不见的自然"定义为本次设计的关键词，规划了连接周边地区绿地的环境轴线。

　　从石组中喷涌而出的泉水——秘泉，是从山间涌出并流向街区的水景源头。作为环境轴线中心的水之广场，位于以抽象化的手法表现地层层次感的"雾之瀑布"的崖面之下，是一处作为居民交流空间的圆形草坪广场。大量配置于街角的室外雕塑作品，表现了与无形的自然风景相依共存的文化风景。

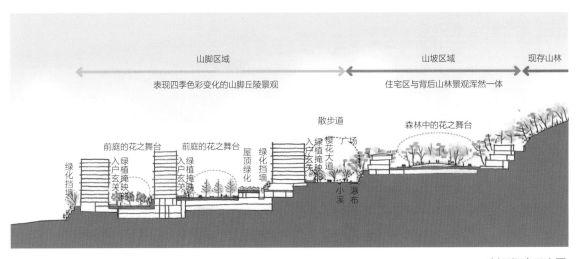

剖面概念示意图

连接场地中不同标高的"光之回廊"

被赤松环抱的庭院

充满光与影的松林散步道

从石组中喷涌而出的泉水——秘泉

左页上图 "水之广场"中的白色花瓣雕塑出
自英国当代视觉艺术家马克·奎因

左页下图 紫薇花盛开的庭院

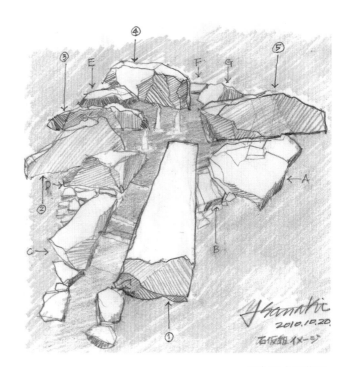

石组和水景草图

银杏广场秋日的落叶美不胜收

入夜，射灯照射下的光之回廊，其轮廓清晰地浮于黑夜之上

白雨馆

日本大阪府藤井寺市　1999年

　　白雨馆是集住宅、工作室、学生公寓和儿童活动室于一体的复合住宅，佐佐木叶二的私宅也位于其中。

　　用地位于安静的住宅街区一角，由3栋独立的建筑构成。设计师通过对白色箱体一样的建筑进行部分切除与移动，利用光影变化，结合日本传统园林，创造出典雅含蓄的灵动空间。

　　另外，租赁住宅楼的天窗代替了传统的窗户。柔和的光线从天空洒落，晕染了高大的白墙，室内空间沉静而平和。

　　通过上述努力，设计师将具有固定表情的静态建筑空间转换为能够接受瞬息万变的自然信息的动态空间。

白色空心砖垒砌的墙壁适度地遮挡外界的视线，同时营造出仿佛光在深呼吸一般的雅趣以及柔和的空间表情

上图　细网格栅大门的内侧是停车场。通过大门的开合，将私密的庭院转换为公共性质的庭院

左页图　面向白砂庭院的入口门厅

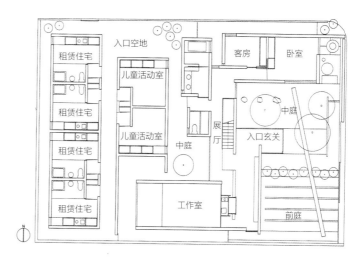

白雨馆一层平面图　1：250

在夜雨将停的清晨，阳光照射着留在天窗上的水珠，墙壁映射出无数的线状痕迹。这
一瞬间，整个房间仿佛存在于一幅水墨未干的抽象画中

该住宅的庭院就像衣服的褶皱一样，将变化多端的光与影引入缝隙之中，映射在室内外的墙壁之上。鸡爪槭、木贼、桂竹和麦冬等植物沿直线列植，室内外空间由此产生视觉连续性，小巧精美的空间更具景深感。

空间构成层面并没有采用繁复的形态与色彩，材料随四季的轮转而微妙地变换色彩与光泽。庭院与建筑浑然一体，居住者可以感受瞬息万变的自然气息

庭院中的植物

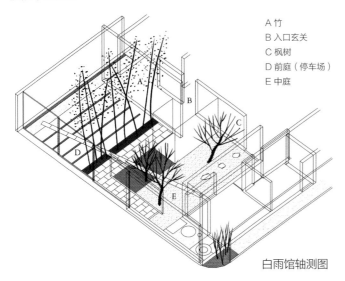

A 竹
B 入口玄关
C 枫树
D 前庭（停车场）
E 中庭

白雨馆轴测图

右页图　光与影洒在坪庭的树木、卵石铺地和白墙上，闪耀着微光，坪庭表现出自然的沉默与静谧

这一空间可以让人们感受到隐藏的自然之美，体会拨动心弦的记忆与思绪。诗人佐佐木幹郎将这好似白瓷容器一般静谧的空间命名为"白雨馆"

设计作品基本信息

01

埼玉城市新中心——榉树广场

项目类别：城市广场

所在地：日本埼玉县埼玉市

广场设施：凤咨询环境设计研究所、NTT都市开发公司

设计协作：彼得·沃克合伙人景观设计事务所

竣工时间：2000年3月

占地面积：11 100 m²

摄影：细川和昭、奥村浩司、吉田诚、INAX

02

NTT武藏野研究中心广场

项目类别：研究设施

所在地：日本东京都武藏野市

景观设计：凤咨询环境设计研究所

建筑设计：NTT设施株式会社

竣工时间：1999年6月

占地面积：25 000 m²

摄影：细川和昭、川澄建筑写真事务所

03

每日新闻社大阪总部二期"波浪之丘"

项目类别：企业设施

所在地：日本大阪市

景观设计：凤咨询环境设计研究所

建筑设计：日建设计

竣工时间：2007年7月

占地面积：292 m²

摄影：凤咨询环境设计研究所

04

新加坡共和理工学院

项目类别：教育设施

所在地：新加坡兀兰

景观设计：凤咨询环境设计研究所

建筑设计：槙综合设计事务所

设计协作：DP事务所

竣工时间：2006年

占地面积：20 hm²

摄影：槙综合计画事务所、凤咨询环境设计研究所

05

河畔庭院

项目类别：酒店庭院

所在地：日本富山县富山市

景观设计：佐佐木设计工作室

设计协作：吉武宗平、Kamogumi Design（松本圭介）、植弥加藤造园

竣工时间：2017年7月

占地面积：193 m²

摄影：吉武宗平

06

花园城市之塔

项目类别：办公、商业设施

所在地：日本大阪府大阪市

景观设计：凤咨询环境设计研究所

建筑设计：日建设计、Rail City西开发公司

竣工时间：2000年6月

占地面积：15 700 m²

摄影：细川和昭

07

岚山庄

项目类别：企业疗养设施

所在地：日本京都市

景观设计：凤咨询环境设计研究所

建筑设计：浅井建筑研究所

设计协作：植弥加藤造园

竣工时间：2014年3月

占地面积：12 301 m²

摄影：吉武宗平

08

冥想之庭

项目类别：国际展览庭院

所在地：美国加利福尼亚州索诺玛县

景观设计：佐佐木叶二

竣工时间：2004年

摄影：Francesca Cigola

09

水盘之墓碑

项目类别：墓碑

所在地：日本大阪市天王寺区一心寺

景观设计：佐佐木叶二

设计协作：Mastaba工坊（前田哲雄）、ALPS设计室（藤本春纪）、佐佐木幹郎

竣工时间：2009年12月

占地面积：1.06 m²

摄影：佐佐木幹郎

10

六本木新城

项目类别：大规模综合开发

所在地：日本东京都港区六本木

综合监理：森大厦

景观设计：凤咨询环境设计研究所

建筑设计：KPF建筑事务所、捷得国际建筑师事务所、Conran建筑事务所、槙综合计画事务所、入江三宅设计事务所

竣工时间：2003年4月

占地面积：约11.6 hm²

摄影：森大厦、泷浦秀雄

11

京都八条都酒店婚礼会场

项目类别：婚礼会场

所在地：京都市南区

景观设计：凤咨询环境设计研究所

建筑设计：日建设计

竣工时间：2005年8月

占地面积：12 408.94 m²

摄影：凤咨询环境设计研究所、山崎浩治

12

基町Credo广场

项目类别：综合商业设施

所在地：广岛市中区

景观设计：凤咨询环境设计研究所

建筑设计：NTT都市开发公司、日建设计、日总建株式会社

竣工时间：1994年4月

占地面积：27 437 m²

摄影：Nakasa & Partners、川澄建筑写真事务所

13

韩亚全球(企业)教育园

项目类别：企业研修设施

所在地：韩国仁川市西区

景观设计：凤咨询环境设计研究所

建筑设计：Gansam建筑师事务所

竣工时间：2019年5月

占地面积：17.61 hm²

摄影：凤咨询环境设计研究所

14

名古屋星之丘露台

项目类别：商业设施

所在地：日本名古屋市千种区

景观设计：凤咨询环境设计研究所

建筑设计：TECH R & DS设计公司、竹中工务店名古屋支店、Gensler建筑事务所

竣工时间：2003年3月

占地面积：28 838 m²

摄影：吉武宗平、谷口刚

15

白影庭院

项目类别：集合住宅

所在地：日本东京都世田谷区

景观设计：凤咨询环境设计研究所

建筑设计：日总建株式会社、IAO竹田设计

竣工时间：2006年3月

场地面积：3 879.57 m²

摄影：凤咨询环境设计研究所

16

"SAKURADIA"屋顶庭院

项目类别：集合住宅

所在地：日本埼玉县埼玉市

景观设计：凤咨询环境设计研究所

建筑设计：Zefa一级建筑师事务所

竣工时间：2008年2月

占地面积：34 695.85 m²

摄影：吉武宗平

17

汉南"山丘"

项目类别：集合住宅

所在地：韩国首尔汉南洞

景观设计：凤咨询环境设计研究所

建筑设计：Muyong综合建筑事务所

竣工时间：2010年12月

占地面积：11.5 hm²

摄影：Jeong Jinwoo（bauphoto）、凤咨询环境设计研究所

18

白雨馆

项目类别：私人住宅

所在地：日本大阪府藤井寺市

景观设计：凤咨询环境设计研究所

建筑设计：坂本昭・CASA设计工作室

竣工时间：1999年6月

占地面积：405 m²

摄影：杉野圭

译后记

能有机会将佐佐木叶二先生的《看不见的自然》一书译成中文并引进至中国，实属荣幸。

2021年夏天，在我访问曾经工作过的凤咨询环境设计研究所之时，偶然在书架上翻阅到了佐佐木先生的最新作品集《看不见的自然》。这本书汇总了佐佐木先生各时期的代表作品，堪称其设计生涯的集大成之作。书中精美的照片和翔实的内容给我留下了深刻的印象，于是萌生了将本书翻译为中文版并引进到国内的想法。后经过我的好友、佐佐木先生的高徒石崎智贵先生的推荐，佐佐木先生对中文版出版一事表现出浓厚的兴趣。又经大连民族大学王蕊老师引荐出版方，中文版出版一事得以迅速敲定。

《看不见的自然》中文版在日文版的基础上进行了内容增补。佐佐木先生为中文版补充了平面图及剖面图各10张、详图5张、设计草图4张以及模型照片2张（其中多数图纸为首次出版），并为追加的图纸附上了文字说明，这使得中文版更加清晰且完整地呈现了佐佐木先生的设计理念与思想。另外，佐佐木先生特意为中文版作序，表达了他对中国景观设计行业发展的期许与祝福。正是由于著者以及出版团队为中文版付出的这些努力，使得这部佐佐木叶二设计生涯总结之作更具学术以及收藏价值。

关于中文版出版的意义，我想用出自《诗经·小雅·鹤鸣》的"它山之石，可以攻玉"这句成语来形容是十分贴切的。佐佐木先生便是这"他山之石"。纵观先生的作品，其充分表达了本土文化精神的内核，这种对文化的表达并非凭借设计符号的简单堆砌，而是在对文化、自然、风土有着深刻理解的基础之上，融合了个人极高的审美意识，并通过纯熟的现代景观设计表现技法将其呈现的创作过程。

过去的30年来，伴随着中国的高速发展，我国的景观设计从最初对西方古典景观的单纯模仿，过渡到近年来对本土历史文化精神表达的关注，在文化表达层面更孕育出"新中式景观"这一概念与表现范式。在未来的景观设计中，我们必将尝试从更多样的视角、运用更丰富的设计语言来表达本土文化精神。佐佐木先生的作品无论是从文化表达方式还是空间类型的多样性来看，都将会为我们带来重要的参考与启示。

值此成书之际，首先对为中文版提供专属草图和图纸以及为中文版撰写序言的佐佐木叶二先生表示感谢，同时向为本书的出版付出莫大努力的刘文昕编辑、陈景编辑、王蕊老师以及出版团队的全体同仁表示由衷的谢意。

王扬
2022年8月于大连

风景无言，景观建筑师的使命便是运用

三维语言来讲述风景的奥义。